神奇动物在哪里

鲸

[法] 爱格妮丝 · 范杜埃◎著
杨晓梅◎译

吉林科学技术出版社

鲸的祖先

鲸目动物的祖先是陆地哺乳动物，它们通过一点点演变，逐渐适应了水中的生活。经过几百万年演变，它们的腿变得越来越短，口、鼻变得越来越长，喷气孔逐渐移向脑袋顶部，让它们可以在水下呼吸。渐渐地，骨盆与后腿消失，前腿变成了胸鳍，尾巴变成了尾鳍。如今，鲸目下的两大类——齿鲸亚目与须鲸亚目都生活在海洋中。

鲸的祖先，可能是陆生动物中爪兽。中爪兽是一种以鱼类与贝壳类为食的陆地哺乳动物。

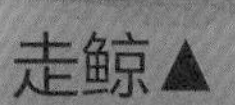

走鲸▲

这种4900万年前的生物可被看成是一种“会走会游的鲸”。它是一种两栖类哺乳动物，既可以在陆地上行走，也可以以脚当桨，摇动身体在水中游弋。它潜入水中捕鱼时，特殊的耳膜结构让它可以在水中听到声音。

罗德侯鲸▲

4500万年前，这种走鲸的后裔更好地适应了水下环境。它的身体呈流线型，体长为1.5～5米，依靠尾鳍与变短的后肢在水中前行。它的呼吸孔位于头部上方，因此可以在游泳时保持头在水下。

中爪兽▲

在5 500万年前的地球上，生活着一种名为中爪兽的陆地食肉动物。它生活于沼泽地区或海岸边，皮毛厚实，外形让人联想到现在的狼或鬣狗。它可能是鲸的祖先。它的脚上无爪，长有细小的蹄，让它可以更好地捕捉鱼类与贝壳类。

新须鲸▲

新须鲸是最早的须鲸之一，生活在1 500万年前。它与现在的鲸形态已经十分相似了。

乳齿鲸◀

乳齿鲸生活在距今2 300万年前，这种须鲸的祖先还保留有牙齿，作用是将水过滤出去，并吃掉剩下的猎物。它的牙齿之间应当有初级的鲸须。

龙王鲸◀

4 500万～4 000万年前，这种体长15～20米、体重5～6吨（比一头大象还重）的巨型生物是游泳的高手。它依靠尾鳍在水中前进，不再像罗德侯鲸那样还须依靠后肢辅助。龙王鲸的后肢几乎完全退化。

齿鲸

在3 800万～2 000万年前，鲸大致分为两类。它们分别是用尖牙捕猎的齿鲸类与用鲸须过滤浮游生物的须鲸类。

以下是几种齿鲸：

剑吻鲸

白鲸

虎鲸

抹香鲸

海豚

鲸的身体结构

鲸是一种海洋哺乳动物。它是温血动物，用肺呼吸。鲸与海豚一样都属于鲸目，但后者长有牙齿，前者则长有鲸须。须鲸亚目下有14种，分为4科：须鲸科、露脊鲸科、灰鲸科与小露脊鲸科。它们的身长最短为6米，最长的蓝鲸身长可达33米。蓝鲸也是地球上有史以来体形最大的动物。因为鲸的身体有水支撑，所以它们不会因体形巨大而危及生命。如果在陆地上，它们可能会被自己的身体压死。

鲸须

鲸没有牙齿，但它的上颌长有鲸须，板片内侧有一层毛。鲸须的作用是保留浮游生物，将水过滤出去。鲸游弋时张大嘴巴，吞下成千上万的小型海洋动物。弓头鲸的鲸须最长，可达4.5米。有些鲸的鲸须数量可以超过800根。

鲸依靠头顶的两个喷气孔呼吸。鲸头顶的喷气孔相当于陆生哺乳动物的鼻孔。喷气孔可以通过肌肉控制的“阀门”打开或关闭。在吸气时打开，空气可以由此进入肺部。

鲸的胸鳍如同船桨，可以保持平衡，控制方向。

呼吸

鲸在浮出水面呼吸时，会打开喷气孔，排出肺里气体的同时喷出一股蒸汽，也称为“喷潮”。不同种类的鲸喷潮的高度也不同，很容易区分。灰鲸的喷潮高度可以达到4.5米，蓝鲸则可达到9米。喷潮结束后，鲸会吸进空气，将氧气储存在肺部，然后再次潜入海洋中寻找食物。须鲸在水中待10～15分钟觅食，然后浮到水面停留5～10分钟。每次呼吸大概需要1分钟。

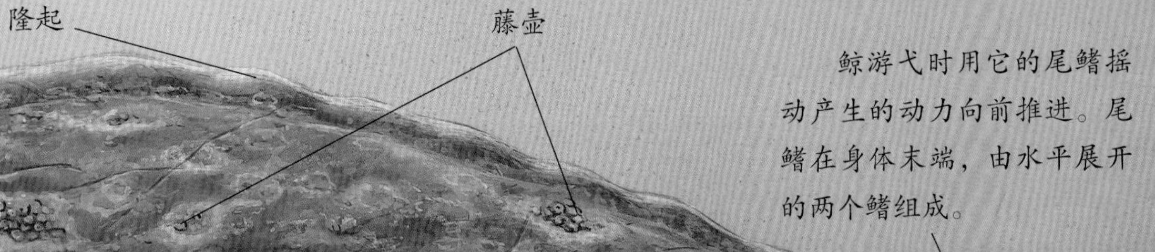

鲸游弋时用它的尾鳍摇动产生的动力向前推进。尾鳍在身体末端，由水平展开的两个鳍组成。

皮肤

鲸的皮肤柔软光滑，在表肤下有一层厚厚的脂肪，即鲸脂，其作用是让鲸在寒冷的水中保持体温，是天然的温度调节器。弓头鲸的鲸脂层厚度可达60厘米。有些鲸皮肤上寄生着小型节肢动物，如藤壶、鲸虱等。

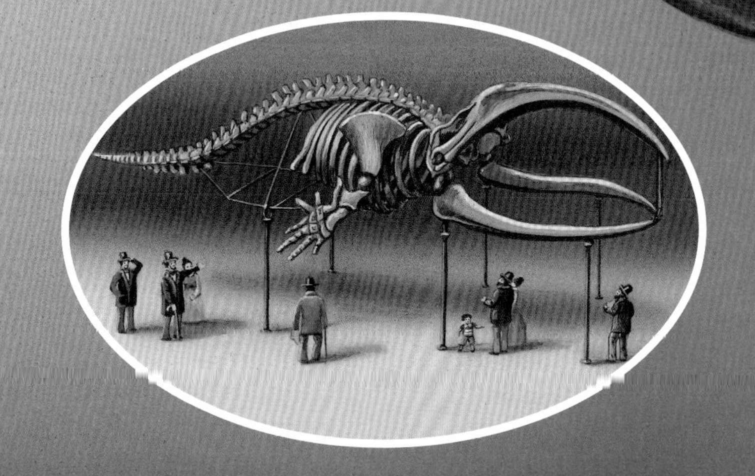

蓝鲸是地球上至今为止发现的体形最大的动物。它的头骨就有8立方米。

须鲸科

在海洋中，蓝鲸是所有须鲸科中体形最大的鲸类，比任何一种恐龙体形都庞大。所有的须鲸身体都呈流线型，有一个背鳍，短且宽的鲸须，喉部与腹部有可延展的皱褶。游动时，它们的皮肤会收缩，形成褶皱。除座头鲸外，所有须鲸科鲸类都长有相对较短的胸鳍。南半球的须鲸科类通常比北半球的同类体形更大。须鲸科鲸类会随着季节迁徙。

小须鲸▲

它是须鲸中体形最小的，身长最长为10米，体重为13吨，深灰色，两侧到腹部间为浅灰色，吻部很尖。它主要以鱼类（大西洋鲱、鳕鱼）为食，也吃磷虾、鱿鱼等海洋动物。小须鲸独来独往，游动速度为4～5千米/时，它喜欢与舰船等并行，寿命约为60岁。

座头鲸▶

它的身体比其他须鲸类（除蓝鲸外）都要大。头部与胸鳍上有许多隆起。藤壶这种圆锥形的小型节肢动物会寄生在座头鲸的头部和胸鳍的隆起处。与其他须鲸类相比，它的特点是胸鳍特别长，如同巨大的翅膀，长度可达5米，相当于体长的1/3，所以，人们也称它为——大翅鲸。

各大洋均能看到座头鲸的身影。它们的食物会随地点改变而改变，有时吃磷虾，有时吃鱼。

蓝鲸▶

它是所有已知的地球上生存过的动物中最大最重的，体长相当于4辆公共汽车首尾相接的长度（20～33米），体重超过20头大象的重量（110～150吨）。它心脏的体积相当于一辆小型汽车的大小，舌头重达4吨，跟一头大象一样。

蓝鲸在各大洋间穿梭，夏天来到极地地区，以磷虾为食。它呼吸时造成的喷潮是所有须鲸里最高的，高度可达9米。

布氏鲸▼

布氏鲸生活在热带与亚热带水温在20℃的海洋中。它们没有迁徙的习性，全年都可繁殖。布氏鲸的外形与塞鲸很像，但它的胸鳍更小，鲸须更长，身体下方的沟纹也更长。它体形不大：长度9～12米，重量16～20吨。它的喷潮高度可达4米。

长须鲸▲

它是世界已知的第二大动物，仅次于蓝鲸。它的体长可达27米，重量达45～70吨。流线型的苗条身材让它的游泳速度很快，可以19千米/时的速度行进整整15分钟。在迁徙时，它的速度甚至可以达到32千米/时。为了捕捉鱼、乌贼与磷虾，它可以下潜到水下300米处，在水下停留20分钟。长须鲸的寿命可以达到100岁。

其他科属

除须鲸科外，须鲸亚目下还有其他三科：包含露脊鲸科，小露脊鲸科和灰鲸科。露脊鲸科分布于全球各大海域，因无背鳍而得名，体形较大，行动较迟缓，口裂弯曲，须板极长。小露脊鲸仅分布于南半球，多生活于温带海域，身体长约6米，是须鲸中最小的一种。身体呈流线型，背面略突，灰鲸科主要分布于北太平洋海域，有长距离迁徙的习性，从北部海域南迁至我国黄海、南海一带或美国的加利福尼亚州与墨西哥一些沿海地区过冬。

弓头鲸 ►

这种身形粗壮的鲸体长为15～20米，体重为70～100吨。它的脑袋特别大，颌骨非常弯曲。头部就占了整个身体的1/3。头部的白色斑点让我们可以轻松地认出它。舌头重量可达1吨。在所有鲸中，弓头鲸的鲸须是最长的，可达4.5米。它也是少有的在北极圈地区生活的鲸，需要打破冰层浮到水面上呼吸。

灰鲸 ▼

它的体长为12～15米，体重为26～31吨。它的喉咙处有2～4条沟纹，身体与脑袋上长满了藤壶与鲸虱。它与其他鲸不同的特点是进食方式，灰鲸会激起海底的泥沙，寻找小型甲壳类动物，所以，人们又叫它“掘贝者”。不过它也会在深海里捕食。灰鲸的迁徙路线是最长的。

小露脊鲸 ◄

它是体形最小的鲸，体长约5米，体重约4.5吨。背部呈黑色或灰色，腹部为白色。它的体形苗条纤长，有着其他露脊鲸没有的背鳍。它的游动速度很慢，常单独或几头聚集行动。它生活在新西兰、澳大利亚、南美洲与非洲南部靠近海岸的浅海或海湾区域。

17世纪，捕鲸人发现露脊鲸特别容易被捕捉，所以取名为“right whales（对的鲸）”。露脊鲸的游动速度很慢，被杀死之后厚实的鲸脂会让它们浮到海面上，可以被捕鲸人轻松地获取。

捕食时，弓头鲸嘴巴大张，吞下大量的水，再用鲸须过滤掉海水，留下磷虾与浮游生物。

北大西洋露脊鲸生活在北半球的温带海域中。

从美国的阿拉斯加、加利福尼亚州到墨西哥的一些海域，以及亚洲从日本海到白令海峡一带，都可以见到灰鲸的踪影。

北大西洋露脊鲸▲

它的特点是头很大，部分皮肤硬化，长满寄生生物（藤壶、鲸虱等）。它的吻部有一个朝前的凸起，也叫作“帽子”。这种鲸体长约17米，体重40～80吨。它的游动速度很慢（5～6千米/时），可以下潜到水下150米处。我们有时能看到它将头埋入水中、尾巴立在空中的倒立动作。

繁育

鲸是唯一在海洋里繁殖的哺乳动物。在有些种群中，雄性之间会进行异常激烈的争斗，吸引进入繁育期的雌性。与人类一样，鲸宝宝在母亲的子宫中发育。很多鲸会迁徙很远，寻找温暖的海域过冬，生下鲸宝宝。鲸孕期通常为10～13个月，每2～3年繁育一次，哺乳6～10个月。生产后雌鲸会独自抚养幼鲸。

有些鲸交配时肚子贴着肚子，或者侧身相对。

鲸竖起尾巴是为了下潜或者与同伴交流。有时，雄性会做这个动作，并用尾巴拍打水面，目的是吸引雌性的注意。

求偶炫耀

在繁殖期，雄性座头鲸会用“歌声”来吸引雌性。它们会跟随有一头雌鲸或有几头雌性的鲸群，通过“跳舞”赶走潜在的竞争对手来吸引雌性。它们会放开喉咙或摇动尾巴。雄性之间还会猛烈地冲向对手，用尾巴敲击水面来震慑对手。这种激烈的竞争会留下伤口和疤痕。过于弱小、无法竞争的雄性有时会一直跟随一头有孩子的雌性，等候它再次发情。

分娩

经历了10~13个月（不同种类的鲸孕期长短不同）的漫长孕期后，雌性鲸会产下鲸宝宝。它的尾巴先出来，脐带会自己断裂。蓝鲸宝宝是世界上最大的鲸宝宝，一出生就有7米长，体重可达4吨。

妈妈会用嘴部凸出的地方将鲸宝宝顶出海面，让它进行第一次呼吸。因为幼鲸无法在水下待太久，所以要经常浮到海面上。鲸宝宝感觉有危险时就会立刻躲到妈妈身边。

交配

不同种类的鲸交配姿势也不同，但交配地点总是选在热带或温带海域。雌性露脊鲸会仰浮到水面，独自在水中，以这样的姿势与围着它的好几头雄性露脊鲸交配。

鲸宝宝成长的速度很快，每天长长4厘米，体重一周就能增加一倍。

哺乳几乎耗尽了鲸妈妈的精力。在前往极地之前，它的体重会减少1/3，脂肪储备也全部用完。当幼鲸吸收了足够的热量，长出足以在寒冷水域生存的鲸脂后，它会和妈妈一起游向食物丰富的海域。

哺乳

鲸妈妈的肚子上有两颗乳头，会喷射出奶水。通过肌肉的有力收缩，奶水可以直接喷射到鲸宝宝的嘴里。鲸奶水的油脂十分丰富，比牛奶的热量要高10倍。

鲸的迁徙

季节性的迁徙是鲸日常生活的一部分。它们在各大洋间不断往返，夏季前往食物丰富的寒冷水域，冬季则来到温暖的水域繁殖，行程可达数千千米。它们总是在每年的同一个季节开始同样的旅行，前往同样的地点。通常它们不会穿越赤道，因此南北半球的鲸并不会相遇。春天来临时，在温暖水域里出生的鲸宝宝会和妈妈一起向极地迁徙。

鲸的方向感

鲸可以通过声音建立一份“声音地图”，以此来辨认地点和方向。弓头鲸在穿越冰海时会发出叫声，声音触及冰块后返回，通过这样的回声来找寻方向。人们认为灰鲸的大脑中有独特的“磁性粒子”，自动指向北方，如同罗盘一样通过地球磁场来确定方位。

灰鲸每年会穿越16 000千米的海域，完成动物界最壮丽的迁徙。它们组成小团体，沿着海岸以160千米/天的速度前行。

座头鲸的迁徙之旅要跨越4 000～5 000千米，通常需要20～30天，行进速度为7千米/时。

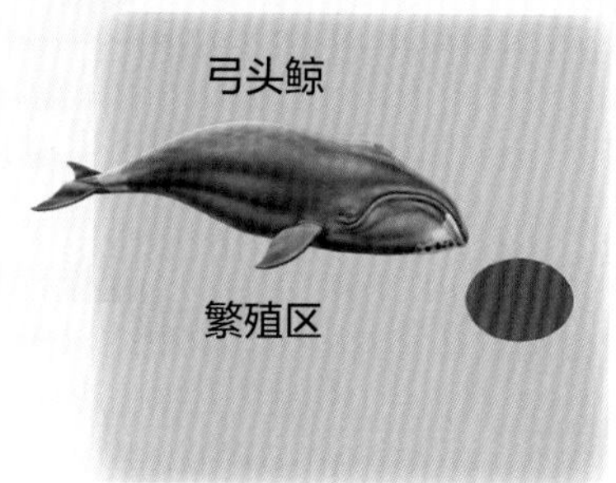

弓头鲸在浮冰附近觅食，夏末时离开，避免被困在浮冰之中。它们以小群落的形式迁徙。

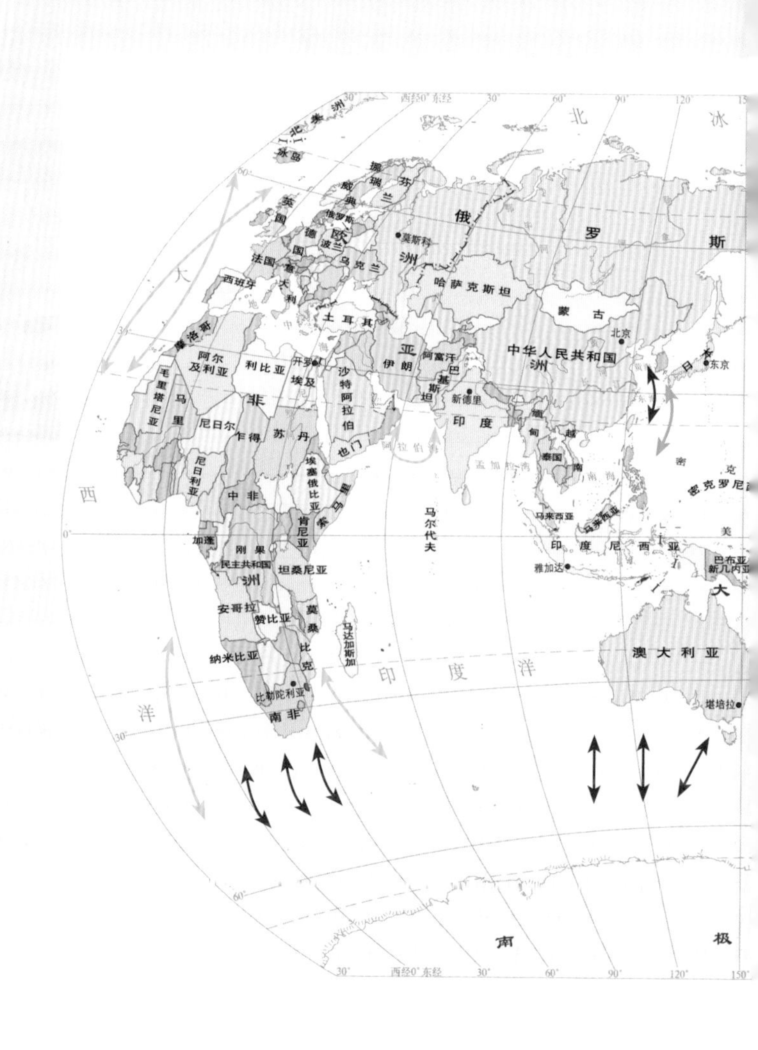

科学研究

为了研究鲸的活动，研究人员会借助卫星进行定位。他们利用一种特殊的弩将电子追踪器固定到鲸的背部。追踪器发射信号，卫星将信号传回地面的接收器。如此一来，科学家们不但能定位鲸，还能分析追踪器记录的鲸的声音与心跳，了解鲸所在的海洋深度，每次潜水的时长，发射声音的频率，甚至是所在海域的水温。1994年，追踪器告诉我们，有一头弓头鲸从加拿大出发，途经美国，最终抵达俄罗斯，在第34天完成了4 000千米的旅行。

搁浅

每年都有许多鲸搁浅在沙滩上（从美国、澳大利亚到新西兰）。其中有的是由某头鲸死亡（衰老、疾病、因水域污染中毒）造成的个体事件，有的是一群鲸集体搁浅，搁浅的原因至今还困扰着科学家们。科学家们认为这可能是它们耳朵里的寄生动物影响了定位系统，也可能是气候现象（大风暴、强浪），声音污染（军事声呐、轮船发动机、石油开采），或是磁暴扰乱了鲸的内在“罗盘”。

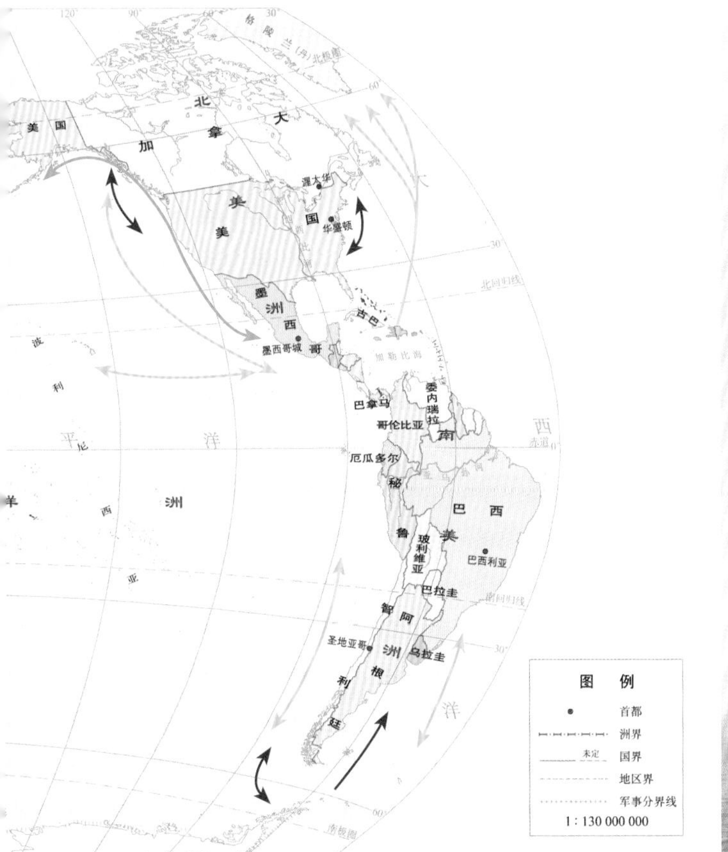

审图号：GS(2016)2948号
自然资源部 监制

有时，人们可以通过喷水、盖湿布的方法成功地救下搁浅的鲸。

鲸之间的交流

声音交流在鲸的社交中有着重要地位。敏锐的听觉让它们可以捕捉到数百千米外的声音。有些鲸，如座头鲸与灰鲸，会以歌唱的形式重复听到的声音。蓝鲸与长须鲸发出的叫声可以传到很远的地方。鲸还会通过跳跃、拍打尾巴或胸鳍等动作来表达情绪，向同伴传递信息。

跳跃

有些种类的鲸，如座头鲸与露脊鲸经常跃出水面。人们认为这可能是它们与同伴交流的方式，也可能是为了清理寄生动物，还有可能是表达情绪。

雄性在繁殖期经常跳跃，这是为了吸引雌性或恐吓对手。

只有雄性座头鲸才在繁殖期歌唱。人们认为这种歌声与繁殖有关，目的是吸引雌性或与其他雄性交流。

“歌唱者”弯曲身体，静止不动，尾巴竖起。当一头雄性鲸靠近时，它会停止歌声。“鲸歌”也可以标记领地。

在右侧这幅图上，圆圈代表了座头鲸歌声传播的距离。重叠的区域便是鲸的交流区域。

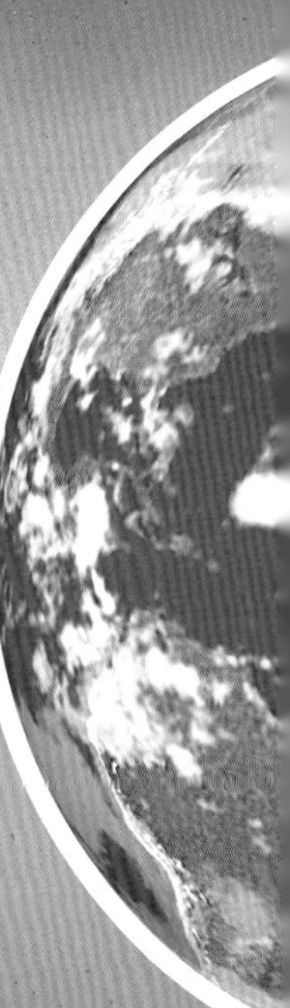

鲸用尾巴拍打水面，制造巨大的声响，以此表达情绪或传递信息。通过胸鳍的反复拍打，强调自己的存在或震慑竞争对手。

鲸是好奇心很强的动物，经常观察海面上发生的事情。有些鲸（小须鲸、灰鲸、座头鲸）会将头露出水面，以直立的姿势观察或监视周遭。有些鲸还会游到轮船旁边，观察船上的人员，然后再离开。

鲸歌

为了交流，鲸会发出或低沉或轻柔的声音，或口哨声、呼噜声。这种反复重复的声音也被称为“鲸歌”。雄性座头鲸吟唱的“鲸歌”是最奇妙的。不同的声音单位结合，表达不同的主题。一首由好几个主题组成的完整鲸歌时长为6～30分钟，可以传到30千米以外的地方。有时，这样的“独奏音乐会”可以持续好几天时间。同一群体的所有座头鲸都会唱一样的鲸歌，但不同大洋的鲸吟唱的鲸歌却不同。

社会生活

有些种类的鲸生活在2～5头的小团体中，如灰鲸与塞鲸；另一些则独来独往，如蓝鲸。后者只有在繁殖期或觅食区才会聚集，有时数量达到上百头之多。座头鲸会聚集到一起攻击鱼群，但它们之间并没有紧密的联系。不过当一头鲸遇到危险时，其他同伴会赶过来帮助它。

鲸的食物与进食方式

鲸以微小的海洋生物为食，如磷虾，也会借助鲸须进食成群的小型鱼类。它们的进食期与迁徙密切相关：夏天时来到食物丰富的寒冷水域享受美餐，冬天去往温暖水域繁殖，繁殖期间则几乎不进食。因此，鲸必须在夏天积累足够的脂肪，将它们作为过冬的能量。有些种类的鲸进化出了独特的捕鱼方式。

过滤

鲸必须吸进大量海水，才能达到一日所需的食物量。因种类不同，吸水量为100～1000千克。须鲸的喉咙处有褶皱或沟纹，在它们吞进海水时，喉咙处的褶皱或沟纹可以如同一个袋子般展开。在鲸进食时，鲸须的作用非常大，它们如同巨大的筛子，保留海水中的浮游生物。

大胃王与离心机

蓝鲸与露脊鲸有独特的觅食技能。蓝鲸是大胃王，张开大嘴巴，一次能吞下好几吨含有大量磷虾与其他小型甲壳动物的海水。然后将嘴巴闭上，让海水从两侧流出，鲸须如同筛子一般把磷虾留在口中。动一动舌头，让食物滑到喉咙处再吞咽。露脊鲸的进食方式则类似于离心机，它们缓慢地前进，嘴巴半张，撇去水的上层；大量水进入鲸须又立刻被排出，而食物则留在口中。

一头蓝鲸每天大约要吃4吨磷虾。

座头鲸

北半球的座头鲸以鱼类（鲱鱼、沙丁鱼、鲭鱼、多春鱼）为食，南半球的则以磷虾为食。为了包围猎物，座头鲸会制造一种特殊的“渔网”。一旦发现磷虾，它会立刻下潜，一边浮起一边用喷气孔吐出气体。一个个气泡组成了圆圈。然后座头鲸会钻入圆圈中，嘴巴大张，饱餐一顿。有时，座头鲸会组成15~20头的团体，使用上述的技巧一起围住鱼群。气泡在海面上会形成一个巨大的圆圈，显示了鲸之间的完美合作。

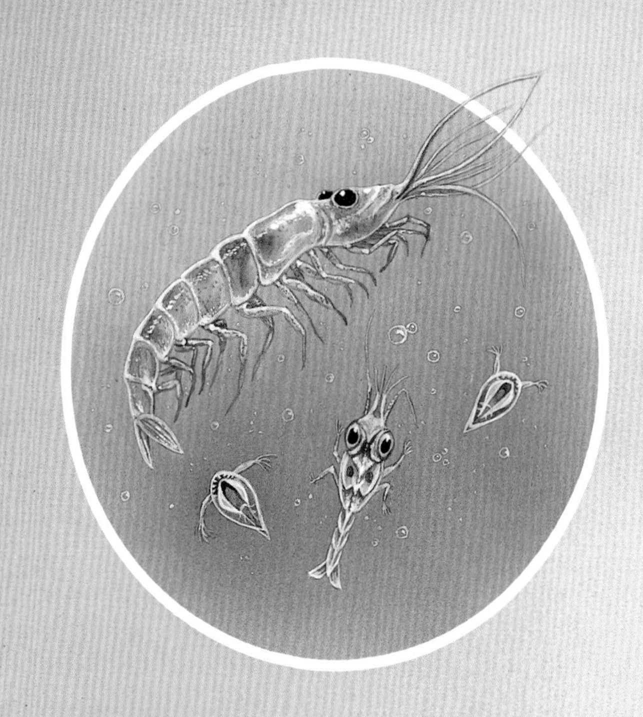

灰鲸

它的食物很特别，是唯一以海底沙砾里的小型动物（如甲壳类、软体类、墨鱼、浮游生物、海藻上的鱼卵、沉淀物等）为食的鲸。为了找到食物，灰鲸会用嘴巴右侧“刮”海底，因此它右侧的鲸须会比左侧磨损得更严重。

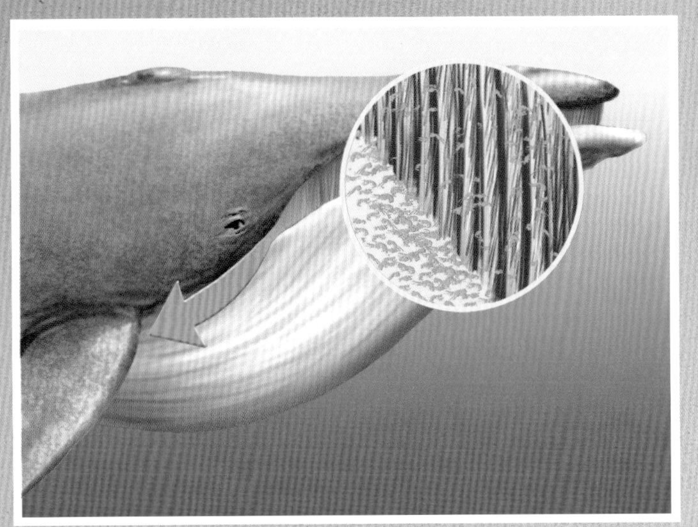

蓝鲸闭上嘴巴后，水从两侧流出，磷虾则被鲸须挡住。

灰鲸在嘴巴里储存水、沙与淤泥，将它们喷射出去，如同一朵黑色云彩，而鲸须则会将小型海洋动物留下。它每天要吃下1~1.5吨食物。

关于人类的捕杀

几百年来，人们为了获取鲸脂与鲸肉对鲸大肆捕杀。在公元9世纪，欧洲的巴斯克人成为最早的鲸猎手。16世纪，英国人与荷兰人捕杀北大西洋露脊鲸与弓头鲸。到17世纪，捕鲸工业有了迅猛的发展，挪威建立了第一批捕鲸站。19世纪末期，捕鲸炮的发明与工厂船（工厂船或称为渔业加工船，是一种船上有设备能对渔获的鲸加工与冷冻的远洋船只，当代的工厂船是早期捕鲸船的自动化与放大版）的出现让捕鲸变成了对鲸的屠杀。自1986年以来，商业捕鲸已经被严令禁止，但在少数国家，商业捕鲸依然存在。

早期捕鲸船

中世纪时，巴斯克渔民用划桨小船和鱼叉来捕鲸。鲸受伤后，必须立刻远离，因为它会强烈挣扎。船长用捕鲸的长枪将鲸打昏，运到甲板上，再切割成小块。

鲸类商品

捕鲸工业利用鲸的不同部位制造蜡烛、肥皂、炸药、刷子、雨伞、扫帚、内衣与筛子。骨头可以雕成珠宝、厨房用具等。

近代捕鲸船

18世纪，英格兰与苏格兰的捕鲸船队在北冰洋与大西洋上组织规模浩大的捕鲸行动。船舶都是三桅帆船，船身加固，用以抵御极地海域冰块的撞击。每个船队包含4～6艘捕鲸船，每艘船上有6～7人。甲板上设有熔炉，用于回收鲸脂。鲸脂被保存在一个个桶里，存放在船舱内。

捕鲸炮的发明

1864年，一位挪威捕鲸人改进了一种新型鱼叉，可以安装在捕鲸船前方。由50米射程的大炮发射，鱼叉在鲸身上爆炸，几分钟内就能将其杀死。而过去使用传统鱼叉则要花费数个小时。这项发明让捕鲸结束了手工业的历史，向工业化迈进。

工厂船

日本现代工厂船利用声呐技术定位鲸，然后用爆炸鱼叉捕杀鲸，再将鲸尸运到船上进行切割。

保护鲸类

人类的捕鲸行为让鲸大量死亡。1946年，国际捕鲸委员会成立，规定人们只能因科学研究或部分民族文化（如因纽特人）而限量地捕杀特定种类的鲸，如小须鲸。其他种类则必须严格保护，如北大西洋露脊鲸、北太平洋露脊鲸、南露脊鲸。人们还设立了鲸保护区，在区域内严格禁止捕杀鲸，如印度洋，然而有些国家并没有严格遵守这一禁令。

赏鲸

赏鲸旅游产业不断发展。这是让大众了解鲸、保护鲸的一种方式，最初诞生于美国。后来，世界各地都开始组织这样的活动，带领游客前往鲸的觅食区与繁殖区。在阿拉斯加与夏威夷可以观赏座头鲸；从加利福尼亚州到墨西哥沿岸的潟湖都可以看到灰鲸；在加拿大魁北克省则可以见到蓝鲸与长须鲸的身影。

救援行动

1988年，在一支国际救援队的帮助下，阿拉斯加的一群因纽皮雅特（因纽皮雅特人，指居住于阿拉斯加地区的原住民，是因纽特人的一支）捕鲸猎人成功救出了被冰层包围的两头鲸宝宝。首先要用切割机在冰上打出一系列冰洞供鲸呼吸，然后用破冰船帮助它们回到大海中。1997年，一头鲸宝宝在加利福尼亚的沙滩搁浅，被救后在圣地亚哥海洋世界公园生活了一年。在那里，饲养员每天会为它准备特殊的奶与400千克鱼，幼鲸飞速地长大，在1998年被重新放回太平洋中。

1988年阿拉斯加鲸救援行动

赏鲸的注意事项

接近鲸时，要避免打扰它们（例如，轮船发动机的噪声），不要在它们身边停留太久，不要总是跟随同一群鲸，不要让鲸妈妈与宝宝分离。另外，为了让鲸在固定海域经常出现，旅游组织者经常在固定区域投喂。但科学家们也担心这种做法会让鲸逐渐失去自己觅食的习惯与能力。

游客们正在观赏鲸潜入水中

致命的渔网

每一年都有大量的鲸被困在渔网之中，无法觅食，最终死于饥饿。

污染的威胁

化学污染会导致中毒；噪声污染（轮船噪声与声呐、石油开采平台、爆炸）会干扰鲸之间的交流，或者使鲸无法辨别方向，这也是鲸经常面临的威胁。

其他危险

轮船相撞也使鲸常常发生意外。人类的过度捕捞会导致鲸缺乏食物。另外，鲸还要面对鲨鱼等天敌。

被渔网困住的鲸

关于鲸的神话传说

长久以来，人们对鲸总是充满了幻想。水手们惧怕它，将它看作是前来推翻船舶的猛兽。不过在亚洲，越南的渔民认为鲸是神明派来的守护者，在海难时可以坐在鲸背上平安归来。在日本的一座岛上，一座佛教寺庙自1679年起便开始供奉鲸为神灵。捕鲸行为也是很多作家的灵感之源。

鲸岛

在许多传说中，水手们误将沉睡的鲸当作岛屿而停下船只。鲸醒来后，潜入水中，船只与水手们也不幸地永眠大海了。

布伦丹游记

《布伦丹游记》讲述了一位名叫布伦丹的爱尔兰牧师的历险故事。他在公元565年出发寻找应许之地。在海上，他以为见到了岛屿，其实是一头巨鲸的背。布伦丹带领人们“登陆”，设下了一座祭坛做弥撒（天主教的宗教仪式）。

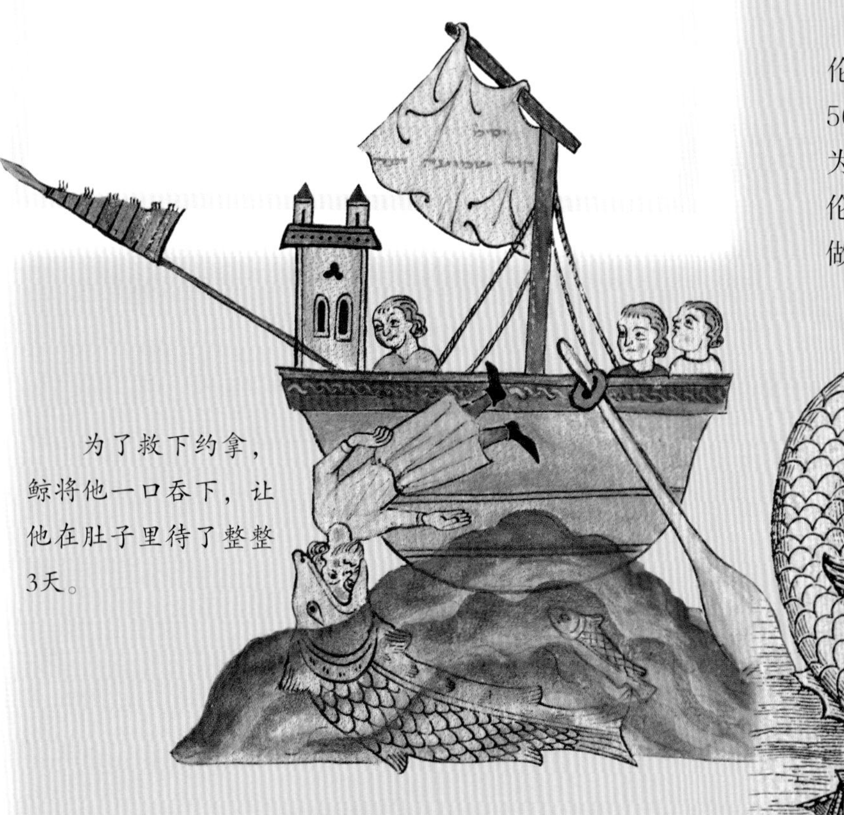

为了救下约拿，鲸将他一口吞下，让他在肚子里待了整整3天。

约拿的故事

《圣经》里讲了水手们为了平息风暴、避免轮船倾覆，将约拿抛入海中。那一刻，天气立刻平静下来，而约拿即将溺毙，上帝派了一条大鱼来救他。这条大鱼便是鲸，它将约拿吞下后游了3天，在岸边将其完好无损地吐了出来。

中世纪，北欧与冰岛的故事中将鲸描述成可怕的怪物，可以跳到空中摧毁船只。

鲸——水手的噩梦

冰岛水手很害怕鲸，任何人不得在甲板上提到这个词，否则便会被剥夺所有食物。他们害怕这些“恶魔”听到名字后会靠近，将船只摧毁。水手们称它们为“大鱼”。

神奇的是，布伦丹并没有因为自己的误解而遭遇海难。

莫比·迪克

人类的捕鲸活动激发了很多作家的灵感，如儒勒·凡尔纳、赫尔曼·梅尔维尔。后者的小说《白鲸》的主角是一头“可怕的白色鲸”，它叫莫比·迪克。这只巨大、恐怖的白色抹香鲸曾咬断船长亚哈的一条腿，让他踏遍各大洋复仇。在漫长的寻找后，亚哈和船员们再次遇到了莫比·迪克，与它展开了决斗。但这只无法战胜的海洋怪兽最终杀死了船长与所有船员。小说来源于一起真实事件，一头身长22米的抹香鲸摩卡·迪克让所有水手胆寒，但1859年一位瑞典捕鲸者杀死了它。

LES BALEINES
ISBN：978-2-215-08447-1
Text: Agnès VANDEWIÈLE
Illustrations: Bernard ALUNNI, Marie-Christine LEMAYEUR, Jacques DAYAN

吉林省版权局著作合同登记号：
图字 07-2016-4669

图书在版编目（CIP）数据

鲸 / (法) 爱格妮丝•范杜埃著 ; 杨晓梅译. -- 长春 : 吉林科学技术出版社, 2021.1
(神奇动物在哪里)
书名原文: whale
ISBN 978-7-5578-7752-1

Ⅰ. ①鲸… Ⅱ. ①爱… ②杨… Ⅲ. ①鲸—儿童读物 Ⅳ. ①Q959.841-49

中国版本图书馆CIP数据核字(2020)第199777号

神奇动物在哪里・鲸

SHENQI DONGWU ZAI NALI・JING

著　　者　[法]爱格妮丝・范杜埃
译　　者　杨晓梅
出 版 人　宛　霞
责任编辑　潘竞翔　杨超然
封面设计　长春美印图文设计有限公司
制　　版　长春美印图文设计有限公司
幅面尺寸　210 mm×280 mm
开　　本　16
印　　张　1.5
页　　数　24
字　　数　50千
印　　数　1-6 000册
版　　次　2021年1月第1版
印　　次　2021年1月第1次印刷

出　　版　吉林科学技术出版社
发　　行　吉林科学技术出版社
地　　址　长春市福祉大路5788号
邮　　编　130118
发行部电话/传真　0431-81629529　81629530　81629531
　　　　　81629532　81629533　81629534
储运部电话　0431-86059116
编辑部电话　0431-81629518
印　　刷　辽宁新华印务有限公司

书　　号　ISBN 978-7-5578-7752-1
定　　价　22.00元